仓颉日记

汉字由来

HANZI YOULAI

人体

刘金柱 王强军／主编

齐霄鹏／编著

北京理工大学出版社
BEIJING INSTITUTE OF TECHNOLOGY PRESS

前言

　　学汉字，就要懂汉字——懂汉字的由来，懂汉字的深意，懂汉字的演变，这样才能事半功倍。为了帮助小读者学汉字、懂汉字，河北大学"汉字小行家"教学科研团队特意编写了本系列图书！

　　河北大学"汉字小行家"教学科研团队成立于2016年。自成立之日起，团队的汉字"大专家"们就开始致力于教"小学生"如何学好汉字，将大学课堂中的中国优秀传统文化和汉字知识带入中小学生课堂，让它们在孩子们心中生根发芽，让孩子们不再死记硬背，而是在趣味中探究中国汉字！为了实现这个目标，老师们进校园，开课堂，研发线上教学，并编制了学习材料。本系列图书就是教研团队24位专家历时两年，三易其稿，献给孩子们的优秀汉字学习读本。

　　《仓颉日记——汉字由来》专为4~8岁的孩子编写。编者精心选取汉字，与孩子一起探究汉字来源，讲述汉字的故事，总结其中的规律。全系列图书依据孩子的认知发展规律分为6册，依次为《人体》《家庭》《自然》《动植物》《器物》和《人类活动》，分别引导孩子学习相关汉字及知识。选字按照由易到难的顺序，从象形字逐步过渡到指事字、会意字、形声字。

　　为了让孩子喜欢读，热爱学，我们借中国神话中汉字的创造者"仓颉"之名，虚构了仓颉和童子这样一对师徒，将师徒间有趣味的对话和极具中国传统风格、富有童趣的绘画相搭配，为孩子们引出了汉字的起源与演进过程。需要说明的是由于汉字是逐渐完善的，并非一蹴而就，所以图文中涉及的部分内容会超越画面中人物所处的时代背景，望读者理解。

　　若您对本套丛书有任何建议，欢迎联系我们。我们会持续努力，为读者奉上更优秀的作品！

目录

本书使用说明

标题 告诉大家，今天我们要学什么字。

师徒趣味问答 仓颉与童子一问一答，以极其幽默的对话形式，风趣地揭示了汉字的来源。

古体字展示 以目前能考察到的最早字形为例，如最早字形为甲骨文，此处即为甲骨文字形，若最早字形为金文，则此处为金文字形，以此类推。

字形演变 从古至今，汉字字形和写法发生了很多变化，这里展示了该汉字甲骨文、金文、篆书、隶书、楷书的演变过程，如果相应字形处出现"？"，表示此字形尚不明确。

我叫"仓颉"，与神话传说里"造字"的那个先贤同名！虽然我不是神仙，但是我也精通汉字的起源和造字方法。在本书中，我负责带童子和小朋友们一起学汉字！

4. 并、化

仓颉：徒儿，最近是跟小伙伴闹别扭了吗？

童子：没有啊！

仓颉：不对啊，之前你俩关系好得像并（ 竹 ）成一个人一样，怎么今天有变化（ 化 ）了？

童子：我们只是想换个姿势而已！

甲
金
篆
隶
楷

12

构成汉字的图形 终于被你发现啦，我就是你扫二维码找到的那个汉字！

我是童子，是仓颉老师的学生！我跟随在老师身边，负责照顾他——啊，不对，跟他学习汉字知识！我可是部落里最最聪明的孩子！

甲 金 篆 隶 楷

创作说明

本书假借仓颉之名，虚构了仓颉与童子这两个人物，旨在通过他们的日常对话讲解汉字的起源与演变过程。由于汉字是逐步完善的，并非一蹴而就，所以图文中涉及的部分内容会超越画面中人物所处的时代背景，望读者理解。

仓颉大神提高班

"并"的甲骨文字形是两个人合二为一的样子，并的原意是合并、兼并。"化"的甲骨文字形是两个相反的人形并列在一起，形容有变化。

13

二维码

扫一扫，可以**听**到仓颉和童子的对话，也会**看**到故事中讲的那个字到底**隐藏**在画面的哪个角落！

仓颉大神提高班

这里是汉字的发展、演变及延伸。这些汉字现在还在用吗？它们和最初的样子一样吗？答案在这里。

1. 人、大

童子：师父，为什么别人叫我小孩，叫您大（  ）人（ ）呢？

仓颉：因为为师知识渊博，这样的人才会被称为大人。

童子：大壮的爸爸并不认字，为什么也被称为大人？

仓颉：那是因为他很强壮。

童子：大首领既没有大壮的爸爸强壮，也没有您知识多，为什么
也被称为大人呢？

仓颉：哎！因为他管着的人多……

甲
金
篆
隶
楷

大

大

仓颉大神提高班

"人"的甲骨文字形是一个侧立的人形；"大"的甲骨文字形是一个张开双臂、双腿，顶天立地的成年人外形。在古代将能打仗、能治国、能治病的人尊称为"大人""大夫"。

2. 立、交

仓颉：徒儿，站要有站相，顶天立（  ）地，才是大丈夫！

童子：您是说像那边的那个大叔那样？

仓颉：对！

童子：可是……大首领算不算大丈夫呢？

仓颉：他，当然算！怎么了？

童子：您看他在那边，两腿交（ ）叉，手舞……

仓颉：停！不要胡乱比。大首领那是在跳舞！

甲 金 篆 隶 楷

甲　金　篆　隶　楷

仓颉大神提高班

　　"立"的甲骨文字形是一个人正面站立于地上的样子，立的原意正是站立的意思，后来引申为建立、确立等意思；"交"的甲骨文字形是一个人双腿交叉的样子，交的原意就是交叉，后来引申为连接、相遇等意思。

3. 从、比

童子：师父，我跟着您哪里都去，应该用哪个字表示呢？

仓颉：用从（竹）字。

童子：您每天都跟师娘在一起，用什么字表示呢？

仓颉：用比（竹）字。

童子：咦，这两个字有什么区别吗？

仓颉："从"字后面那个人像个"跟屁虫"，就像你跟着为师。"比"字
　　　的两个人并排而立，有比较的意思——就像，我比你师娘更优秀！

童子：师……师父，师娘来了！

竹　羽　爪　刃　从
甲　金　篆　隶　楷

甲 金 篆 隶 楷

比 比

"从"和"比"的甲骨文字形都包含人的字形。"从"是两个人一前一后，"比"是两个人站在一排。

4. 并、化

仓颉：徒儿，最近是跟小伙伴闹别扭了吗?

童子：没有啊!

仓颉：不对啊，之前你俩关系好得像并（  ）成一个人一样，怎么今天有变化（ ）了?

童子：我们只是想换个姿势而已!

甲

金

篆

隶

楷

甲 金 篆 隶 楷

仓颉大神提高班

"并"的甲骨文字形是两个人合二为一的样子，并的原意是合并、兼并。"化"的甲骨文字形是两个相反的人形并列在一起，形容有变化。

5. 众、夹

童子：师父，一个人是"人"，两个人是哪个字来着？

仓颉：是"从"，跟从的从。

童子：那三个人组成什么字呢？

仓颉：是"众"（𣥠），表示很多人。

童子：不对！

仓颉：那你说是什么字呢？

童子：是夹（夾）字，中间的大字代表一个人，左右两侧各有一个人夹着他，这才是三个人。

甲　金　篆　隶　楷

14

甲　金　篆　隶　楷

众

仓颉大神提高班

　　"夹"的甲骨文字形看上去是中间一个人张开手臂，由左右两个人扶着，是扶持的意思。"众"的甲骨文字形看上去是白天的时候很多人一起去田里耕作，形容人很多。

15

6. 目、眉

童子：师父，目（）和眉（ ）看起来很像啊！

仓颉：眉毛长在眼睛的上面，不仔细看就很容易弄错哩！

童子：要是长在眼睛的下面呢？

仓颉：那就是胡子啦！

童子：不应该是眼睫毛吗？

仓颉：对呀，忘了它了……

甲　金　篆　隶　楷

甲　金　篆　隶　楷

仓颉大神提高班

"目"指眼睛。"眉"指眉毛。以"目"为部首的字，大多与眼睛有关，如盯、瞪、眨、眯等。

7. 面、直

童子：师父，人的面（）部最显著的是什么？

仓颉：当然是眼睛。

童子：为什么啊？

仓颉：因为眼睛直（　）直的视线会让对方一下就发现你的存在。

童子：噢！我明白了！

仓颉：你又明白什么了？

童子：玩捉迷藏的时候捂住自己的眼睛就不会轻易被抓住啦！

甲　金　篆　隶　楷

甲　金　篆　隶　楷

仓颉大神提高班

　　"面"的甲骨文字形是用眼睛代表五官，外面的框表示脸部的轮廓，是脸孔的意思；"直"的甲骨文字形是在眼睛上加一条直线，表示视线是直的。

8. 见、臣

童子：师父，见（）和臣（ ）这两个字中同样是人的眼睛，

　　　　为什么一个横着，一个竖着？

仓颉：人站着，眼睛是横着的；若是看到了首领，就要低下头，

　　　　表示自己臣服，眼睛就竖起来了。

童子：那我明白了，您每次见到大首领都低着头，那是臣服于大

　　　　首领啊！

仓颉：你懂什么，我那是有礼貌！

甲　金　篆　隶　楷

甲　金　篆　隶　楷

"见"的甲骨文字形表示人睁大眼看着前面的样子，最初是"看见"的意思，后来也用它表示"见识"。"臣"的甲骨文字形是人低头时眼睛竖起来的样子，表示臣服的意思！

9. 口、问

仓颉：徒儿，口（ 凵 ）都能用来做什么？

童子：吃好吃的，说话，打架的时候可以咬人，用处可多了。

仓颉：去门口站着。

童子：师父，我站到门口了。可是，为什么让我来门口？

仓颉：站在门口知道提问（ 悶 ）了？口最重要的作用是提问，回来好好上课吧！

童子：我还以为下课了……

甲
金
篆
隶
楷

問 問 问

仓颉大神提高班

　　"口"是象形字，像人嘴的形状。"问"是指有不明白的事情请人解答。

10. 甘、舌

仓颉：徒儿，尝尝这是什么！

童子：甘（ 曰 ）甜芬芳，这是蜂蜜吧？

仓颉：舌（ 𦣞 ）头还挺灵敏。

童子：看来人最重要的就是要有舌头。

仓颉：为什么呢？

童子：口里没有舌头，就无法品尝美味，多可怜啊！

仓颉：哦！没有舌头，除了不能吃还不能干什么？

童子：没什么不能干的了吧？

仓颉：就知道吃，没舌头就不能说话了！

仓颉大神提高班

　　"舌"和"甘"也都与"口"有关。"甘"的甲骨文字形是在口字里加上一短横，表示口中甘甜美味。"舌"的甲骨文字形是口中舌的形状，四周的点表示唾液。

11. 牙、齿

童子：师父，我掉牙（）了，呜呜呜！

仓颉：不要大惊小怪，我都掉了好几颗了。

童子：没发现您少了牙啊？

仓颉：是后面的大牙，又不是前面的这些门齿（）。

童子：呜呜呜，牙掉了还会再长出来吗？

仓颉：会的。

童子：那咱们比比，看谁的牙先长出来吧？

仓颉：这……为师的牙可能长不出来喽！

？　　　　　　牙　　牙
甲　　金　　篆　　隶　　楷

甲 金 篆 隶 楷

仓颉大神提高班

　　"齿"的甲骨文字形是人的门牙的样子，后来泛指牙齿。"牙"的古体字形是上下牙交错的样子，指大牙，后来也泛指牙齿。

12. 耳、自

童子：师父，耳（  ）朵是不是不太重要？

仓颉：为什么这么说？

童子：您看，"耳"字看起来那么简单，肯定不重要。

仓颉：你这个理由不充分！那你说什么比较重要？

童子：这个比较重要！

仓颉：你用手指鼻子……是说鼻子重要？

童子：不是！我在指自（ 自 ）己！

仓颉：哈哈！原来说了半天，你是说你自己重要啊！

甲　金　篆　隶　楷

甲　金　篆　隶　楷

仓颉大神提高班

　　"耳"的本义就是耳朵，含有"耳"部的字，大多是与耳朵有关，如聋、聪、聊、聆等。"自"是鼻子的形象本字，后来专指"自己"。

13. 须、冉

童子：师父，这一定就是胡须（）的"须"字吧？

仓颉：对，是一个人侧面留着胡子的样子。

童子：那正面留着胡子的样子呢？

仓颉：那就是冉（ ）字了。你觉得哪个字好看？

童子：冉字像正面留胡子的师父，须字像侧面留胡子的大首领……

肯定是师父更帅啊！

仓颉：淘气鬼！

甲　金　篆　隶　楷

30

甲　金　篆　隶　楷

仓颉大神提高班

　　"须"指胡须，后来引申为"动植物或其他物体上像须的东西"，例如根须、花须、触须。"冉"是"髯"的本字，指老人长垂的胡须。

14. 手、开

童子：师父，明明用手一推，门就开（  开 ）了，为什么之前还让我大声敲门啊？

仓颉：我想看看你师娘在不在家。

童子：那为什么您不敲？我手（ 手 ）都敲疼了。

仓颉：要是你师娘在家，我就得赶紧跑啊！她让我去地里干活，我还没去呢！

童子：可是……

仓颉：怎么？

童子：她就在你后面站着呢！

甲 金 篆 隶 楷

甲
金
篆
隶
楷

仓颉大神提高班

　　"手"是一个最常见的象形字，由它延伸开来，我们会发现许多和手及与手的动作有关的字，比如小故事里讲到的"开"。

15. 友、及

童子：师父，什么是朋友（  ）？

仓颉：朋友嘛，就是两个人把手放在一起，齐心协力共奋进，就像你和小胖。

童子：哦……手在一起，就是朋友。

仓颉：对！

童子：小胖跟我赛跑，他总是追不上我，会不会就不跟我做朋友了？

仓颉：奋起直追总能赶得及（ 及 ）。再说追不追得上不影响感情。

童子：对！师父，我不挽着您了，先走一步了。您总能赶上我的，这也不影响咱俩的感情吧！呵呵！

友 甲

友 金

及 篆

及 隶

及 楷

甲　金　篆　隶　楷

　　"友"和"及"最初都跟手有关。"友"的甲骨文字形是两手靠拢，表示友好；"及"的甲骨文字形是一个人用手去抓前面的人，指追上，后来引申出到达的意思。

童子：师父，大首领带着一群人去打猎，一会儿举左（ ᛉ ）手，一会儿举右（ ᛉ ）手是什么意思？

仓颉：举左手是代表让他左边的人前进，举右手是让他右边的人前进。

童子：那两只手一起举起来呢？

仓颉：那可能是让大家停一停，等待时机吧……

甲

金

篆

隶

楷

甲 金 篆 求 楷

仓颉大神提高班

　　"左"的甲骨文字形看上去是左手的形状；"右"的甲骨文字形是右手的形状。

17. 乱、系

仓颉：徒儿，你对着架子上的麻线生什么气？

童子：师父，我想把这乱（）麻理顺，可是无论怎么用力，也做不到！

仓颉：你不能乱撕。你看，这样轻轻用手捋顺了，再把它们系（ ）在一起，就可以了。

童子：师父，为什么你做得这么容易？

仓颉：因为我经常帮你师娘做麻线，熟能生巧啊！

甲　金　篆　隶　楷

乱

仓颉大神提高班

　　"系"的甲骨文字形是用手将丝线连在一起，本意是拴系。由这个意思出发，后来我们将"系"引申出了联系的意思。"乱"的本义是用手将散乱的丝线疏理顺。

18. 止、此

仓颉：别往前跑了！那里写着"止"（ㄐ）字呢！

童子：师父，这个长得像脚掌的"止"，是什么意思啊？

仓颉：它表示停在这里止步不动。

童子：哦！那我以前见过一个"止"上边有"人"的字是什么意思呢？

仓颉：那是"此（ ）"字，我们双脚站立的地方，也就是此处。

童子：噢，到此——止步，就是这个意思啊！

甲　金　篆　隶　楷

甲　金　篆　隶　楷

　　"止"的甲骨文字形像脚掌的形状，本义是脚趾。"此"的甲骨文字形由表示人的"𠂊"和表示脚趾的"𫰧"两部分组成，表示双脚站立的位置。古人把自己所在之处称为"此"，把前往之地称为"彼"。

19. 足、奔

童子：师父，为什么有人跑得快，有人跑得慢？

仓颉：主要是看腿脚。有的人足（ ）部有力，速度很快，奔（ ）跑起来就像多了一只脚一样。

童子：我爷爷比我高，但是他却没有我跑得快。

仓颉：因为他年纪大了，力气变小了。

童子：我阿娘力气比我大，也没有我跑得快。

仓颉：哈哈！你为什么能跑那么快？

童子：可能是因为我经常被师父您追赶，所以就跑得很快了吧！

甲 金 篆 隶 楷

甲　金　篆　隶　楷

仓颉大神提高班

　　"奔"的古体字形下边有三只脚，形容人跑得太快，已经看不清有几只脚了。"足"的甲骨文字形下面是脚，上面是腿，表示人的足部。

20. 心、息

童子：师父，师父！

仓颉：你在干吗？气息（  ）这么粗重。

童子：我的心（ ）好痛！

仓颉：什么情况？别吓我！

童子：刚才有只兔子从我面前跑过，我拼命追都没追上！晚上没法吃烤兔腿啦！

仓颉：哎呀……我也有点心疼了。要不，你歇会儿再去追一下？

甲　金　篆　隶　楷

甲　金　篆　隶　楷

21. 骨、肉

童子：师父，您是喜欢啃骨（）头还是喜欢吃肉（）？

仓颉：骨头可以熬汤，味道鲜美。

童子：肉呢？

仓颉：有点儿塞牙。

童子：那我去告诉大首领了。

仓颉：等等，怎么回事？

童子：大首领刚狩猎回来，问咱们要肉还是要骨头呢！

仓颉：早说呀！当然是两个都要！

之 爻 骨 骨

甲 金 篆 隶 楷

刀 刅 肉 肉

甲 金 篆 隶 楷

仓颉大神提高班

　　"骨"指骨头，甲骨文字形是骨架的形状。"肉"指肉块，甲骨文字形看上去是肉块的形状。在汉字的演变过程中"肉"旁与"月"旁混淆，所以现在以"月"为部首的字，很多与人体有关，如膀、肝、脏等。

图书在版编目（CIP）数据

汉字由来. 人体 / 刘金柱，王强军主编；齐霄鹏编著. -- 北京 ：北京理工大学出版社，2019.7（2020.8重印）

（仓颉日记）

ISBN 978-7-5682-7005-2

Ⅰ. ①汉… Ⅱ. ①刘… ②王… ③齐… Ⅲ. ①汉字-字源-儿童读物

Ⅳ. ①H12-49

中国版本图书馆CIP数据核字(2019)第083434号

出版发行 / 北京理工大学出版社有限责任公司

社　　址 / 北京市海淀区中关村南大街5号

邮　　编 / 100081

电　　话 / （010）68914775（总编室）

　　　　　（010）82562903（教材售后服务热线）

　　　　　（010）68948351（其他图书服务热线）

网　　址 / http：//www.bitpress.com.cn

经　　销 / 全国各地新华书店

印　　刷 / 雅迪云印（天津）科技有限公司

开　　本 / 710毫米×1000毫米　1/16

印　　张 / 3　　　　　　　　　　　　　　责任编辑 / 刘汉华

字　　数 / 60千字　　　　　　　　　　　文案编辑 / 刘汉华

版　　次 / 2019年7月第1版　2020年8月第3次印刷　　责任校对 / 周瑞红

定　　价 / 28.00元　　　　　　　　　　责任印制 / 施胜娟